四川省工程建设地方标准

四川省现浇混凝土免拆模板
建筑保温系统技术标准

Technical standard for cast-in-place concrete composite thermal
insulation system on external formwork in Sichuan Province

DBJ51/T 100 – 2018

（2021年版）

主编单位： 中国建筑西南设计研究院有限公司
批准部门： 四 川 省 住 房 和 城 乡 建 设 厅
施行日期： 2 0 1 9 年 2 月 1 日

西南交通大学出版社

2021　成都

图书在版编目（CIP）数据

四川省现浇混凝土免拆模板建筑保温系统技术标准 /
中国建筑西南设计研究院有限公司主编 . —成都：西南
交通大学出版社，2019.1（2021.6 重印）
（四川省工程建设地方标准）
ISBN 978-7-5643-6713-8

Ⅰ . ①四… Ⅱ . ①中… Ⅲ . ①现浇混凝土 – 保温板 –
地方标准 – 四川 Ⅳ . ①TU755.6-65

中国版本图书馆 CIP 数据核字（2019）第 003623 号

四川省工程建设地方标准

四川省现浇混凝土免拆模板建筑保温系统技术标准

主编单位　中国建筑西南设计研究院有限公司

责 任 编 辑	杨　勇
封 面 设 计	原谋书装
出 版 发 行	西南交通大学出版社 （四川省成都市二环路北一段 111 号 西南交通大学创新大厦 21 楼）
发 行 部 电 话	028-87600564　028-87600533
邮 政 编 码	610031
网　　　址	http://www.xnjdcbs.com
印　　　刷	成都蜀通印务有限责任公司
成 品 尺 寸	140 mm × 203 mm
印　　　张	1.875
字　　　数	43 千
版　　　次	2019 年 1 月第 1 版
印　　　次	2021 年 6 月第 2 次
书　　　号	ISBN 978-7-5643-6713-8
定　　　价	24.00 元

各地新华书店、建筑书店经销
图书如有印装质量问题　本社负责退换
版权所有　盗版必究　举报电话：028-87600562

四川省住房和城乡建设厅
通　告

第 75 号

四川省住房和城乡建设厅
关于发布四川省工程建设地方标准《四川省现浇混凝土
免拆模板建筑保温系统技术标准》局部修订的通告

现批准四川省工程建设地方标准《四川省现浇混凝土免拆模板建筑保温系统技术标准》(DBJ51/T 100 – 2018)局部修订的条文，自 2021 年 7 月 1 日起实施。经此次修改的原条文同时废止。

局部修订条文及具体内容在四川省住房和城乡建设厅门户网站公开。

四川省住房和城乡建设厅
2021 年 6 月 7 日

修 订 说 明

本次修订对免拆模板的规格和系统的锚固方式进行了调整。修订过程中广泛征求了各方面的意见，对具体修订内容进行了反复的讨论和修改，最后经审查定稿。

本次局部修订，共涉及 3 个条文的修改，分别为第 4.2.2 条、第 4.2.3 条和第 7.2.2 条。

本标准条文下划线部分为修改的内容。

关于发布工程建设地方标准
《四川省现浇混凝土免拆模板建筑
保温系统技术标准》的通知

川建标发〔2018〕918 号

各市州及扩权试点县住房城乡建设行政主管部门，各有关单位：

由中国建筑西南设计研究院有限公司主编的《四川省现浇混凝土免拆模板建筑保温系统技术标准》已经我厅组织专家审查通过，现批准为四川省推荐性工程建设地方标准，编号为：DBJ51/T 100－2018，自 2019 年 2 月 1 日起在全省实施。

该标准由四川省住房和城乡建设厅负责管理，中国建筑西南设计研究院有限公司负责技术内容解释。

四川省住房和城乡建设厅

2018 年 9 月 26 日

前　言

本标准依据四川省住房和城乡建设厅《关于下达工程建设地方标准〈四川省外模板现浇混凝土复合板保温系统技术标准〉编制计划的通知》（川建标发〔2017〕982号）的要求，编制组经广泛调查研究，认真总结实践经验，并在广泛征求意见的基础上，编制了本标准。

本标准的主要技术内容是：1.总则；2.术语；3.基本规定；4.系统构造和性能要求；5.系统设计；6.施工；7.验收。

本标准由四川省住房和城乡建设厅负责管理，中国建筑西南设计研究院有限公司负责技术内容的解释。本标准实施过程中，如发现有需修改或补充的地方，请将意见和有关资料寄至中国建筑西南设计研究院有限公司（地址：成都市天府大道北段866号；邮编：610042；电话：028-62551514；E-mail：dmei36@126.com），以便今后修订时参考。

主编单位： 中国建筑西南设计研究院有限公司

参编单位： 四川省建筑科学研究院
　　　　　　　成都市建筑设计研究院
　　　　　　　中国华西企业股份有限公司第十二建筑工程公司
　　　　　　　四川省建材工业科学研究院
　　　　　　　成都市墙材革新建筑节能办公室
　　　　　　　成都市建设工程质量监督站
　　　　　　　四川省黄氏防腐保温工程有限公司

主要起草人： 冯　雅　　黎　力　　黄光洪　　张仕忠
　　　　　　　韦延年　　刘　民　　秦　钢　　窦　枚
　　　　　　　钟辉智　　李　敏　　李金一
主要审查人： 张　静　　王其贵　　江成贵　　邓开国
　　　　　　　唐世荣　　徐存光　　李增贤

目　次

Contents

1 总　则

1.0.1 为规范现浇混凝土免拆模板建筑保温系统的设计、施工与验收，做到技术先进、经济合理、安全适用和保证工程质量，制定本标准。

1.0.2 本标准适用于四川省新建、扩建和改建的工业与民用建筑采用现浇混凝土免拆模板建筑保温系统的墙体保温工程和楼面保温隔声工程。

1.0.3 现浇混凝土免拆模板建筑保温系统的设计、施工及验收，除应执行本标准外，尚应符合国家和四川省现行相关标准的规定。

2 术 语

2.0.1 现浇混凝土免拆模板建筑保温系统 cast-in-place concrete and stay-in-place mould building thermal insulation system

以免拆模板作为混凝土浇筑时的模板，通过连接件将免拆模板与现浇混凝土牢固浇筑在一起形成的无空腔保温系统。根据其应用部位分为现浇混凝土免拆模板外墙保温系统和现浇混凝土免拆模板楼面保温系统。

2.0.2 免拆模板 stay-in-place mould

在工厂预制成型，以不燃型复合膨胀聚苯乙烯保温板为保温芯材，芯材表面涂覆增强网增强的聚合物砂浆为黏结界面层，兼具保温和模板功能的板材。

2.0.3 保温芯材 core material of thermal insulation

由聚苯乙烯泡沫材料与普通硅酸盐水泥类胶凝材料复合而成，燃烧性能达到A级的轻质板材，置于免拆模板中起保温、隔音作用。

2.0.4 找平防水层 leveling and waterproofing layer

设置在免拆模板外侧起找平抹面和防水作用的聚合物防水砂浆保护构造层。

2.0.5 饰面层 finish layer

设置在找平防水层外侧起装饰和保护作用的构造层，包括涂料、面砖等饰面层。

2.0.6 连接件 connecting piece

将免拆模板与现浇混凝土构件牢固连接的专用配件，主要包括尼龙连接件或由具有防腐性能金属杆、螺母、塑料圆盘等组成的尼龙金属组合连接件等。

3 基本规定

3.0.1 现浇混凝土免拆模板建筑保温系统的热工性能应符合现行国家和四川省相关建筑节能设计标准的规定。

3.0.2 现浇混凝土免拆模板外墙保温系统应能适应基层的正常变形，在长期自重、风荷载和气候变化情况下，不应出现裂缝、空鼓、脱落等现象；在抗震设防烈度地震作用下不应从基层墙体脱落。

3.0.3 现浇混凝土免拆模板保温系统应具备良好的防水渗透性和透气性，系统各组成部分在正常使用环境中应具有物理、化学稳定性，系统组成材料应彼此相容并应具有防腐和防生物侵害性能。

3.0.4 现浇混凝土免拆模板支撑系统应能承受施工时浇筑混凝土的自重、侧压力和其他施工荷载。拆除支撑后不出现明显变形，并符合现行行业标准《建筑施工模板安全技术规范》JGJ 162的规定。

4 系统构造和性能要求

4.1 系统构造

4.1.1 现浇混凝土免拆模板外墙保温系统的基本构造应符合表 4.1.1 的要求。

表 4.1.1 现浇混凝土免拆模板外墙保温系统基本构造

构造名称	组成材料	构造示意图
1 饰面层	涂料饰面：柔性耐水腻子+涂料、真石漆或柔性面砖	
	面砖饰面：黏结砂浆+饰面砖、勾缝料	
2 找平防水层	聚合物防水砂浆+耐碱玻纤网布	
3 保温层	免拆模板	
4 连接件	尼龙连接件或尼龙金属组合连接件	
5 基墙	现浇钢筋混凝土	

4.1.2 现浇混凝土免拆模板楼面保温系统的基本构造应符合表 4.1.2 的要求。

表 4.1.2　现浇混凝土免拆模板楼面保温系统基本构造

	构造名称	组成材料	构造示意图
1	饰面层	由室内装饰设计确定	
2	保温层	免拆模板	
3	连接件	尼龙连接件或尼龙金属组合连接件	
4	基　板	现浇钢筋混凝土	

4.2　性能要求

4.2.1　现浇混凝土免拆模板外墙保温系统的性能指标应符合表 4.2.1 的规定。

表 4.2.1　现浇混凝土免拆模板外墙保温系统的性能指标

项　目	指　标	试验方法
耐候性	经耐候性试验后，不得出现饰面层起泡或剥落、保护层空鼓或脱落等破坏，不得产生渗水裂缝；系统拉伸黏结强度不应小于 0.10 MPa	现行行业标准《外墙外保温工程技术规程》JGJ 144
耐冻融（30 次）	无空鼓、脱落破坏，无渗水裂缝，系统拉伸黏结强度不应小于 0.10 MPa	
抗冲击强度（J 级）	10	
系统拉伸黏结强度（MPa）	≥0.10	

4.2.2 免拆模板的基本构造、外观质量、主要规格尺寸及允许偏差、物理力学性能应符合表 4.2.2-1 ~ 4.2.2-4 的规定。

表 4.2.2-1 免拆模板构造的基本构造

	构造名称	组成材料	构造示意图
1	黏结界面层（靠近混凝土侧）	3 ~ 5 mm 聚合物砂浆+增强网	
2	保温芯层	不燃型复合膨胀聚苯乙烯泡沫保温板	
3	黏结界面层	5 ~ 7 mm 聚合物砂浆+增强网	

表 4.2.2-2 免拆模板外观质量要求

项 目	指标	试验方法
面层和保温芯材交接裂缝	不准许	
免拆模板的横向、纵向、侧向方向贯通裂缝	不准许	
板面污损、飞边	不准许	现行国家标准《建筑墙板试验方法》GB/T 30100
板面裂缝，长度 50 mm，宽度 0.5 mm	≤2 处/板	
缺棱掉角，长度×宽度：10 mm × 25 mm ~ 20 mm × 30 mm	≤1 处/板	

表 4.2.2-3　免拆模板的主规格尺寸及尺寸允许偏差（单位：mm）

项　目	主规格尺寸	允许偏差	试验方法
长度	1 200，1 500，1 800，2 400，3 000	±3	现行国家标准《建筑墙板试验方法》GB/T 30100
宽度	600	±2	
厚度	<u>30 ~ 120</u>	+3 −1	
对角线差	—	≤5	
板面平整度	—	≤2	
板侧面平直度	—	≤L/750（注：L 为板长）	
其他规格尺寸由供需双方协商确定			

表 4.2.2-4　免拆模板的物理力学性能指标

项　目	性能指标	试验方法
面密度（kg/m²）	≤40	现行国家标准《建筑墙板试验方法》GB/T 30100
垂直于板面方向的抗冲击性能（J 级）	10	现行行业标准《外墙外保温工程技术规程》JGJ 144
抗折均布荷载（N/m²）（试件长 1 400 mm，宽 600 mm）	≥4 000	现行国家标准《建筑墙板试验方法》GB/T 30100
3 000 N/m² 均布荷载下的挠度变形（mm）	≤3	
隔声性能（60 mm）（dB）	≥30	现行国家标准《声学建筑和建筑构件隔声测量第 3 部分：建筑构件空气声隔声的实验室测量》GB/T 19889.3

项 目		性能指标	试验方法
保温芯材导热系数 [W/（m·K）]		≤0.065	现行国家标准《绝热材料稳态热阻及有关特性的测定防护热板法》GB/T 10294
拉伸黏结强度（MPa）	原强度	≥0.15，破坏在保温板内	现行国家标准《模塑聚苯板薄抹灰外墙外保温系统材料》GB/T 29906
	耐水强度	≥0.15，破坏在保温板内	
	耐冻融强度	≥0.15，破坏在保温板内	

4.2.3 现浇混凝土免拆模板建筑保温系统应采用现浇混凝土榫锚或连接件连接增强。

1 现浇混凝土榫锚孔直径宜为 45～50 mm，现浇混凝土榫锚构造如图 4.2.3-1 所示；

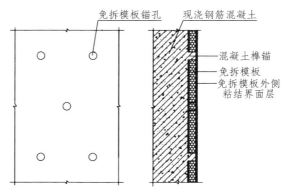

图 4.2.3-1 现浇混凝土榫锚构造示意图

2 采用尼龙连接件或尼龙金属复合连接件，连接杆外径应不小于 10 mm，连接件长度应不小于免拆模板厚度+50 mm，连接件圆盘直径不应小于 60 mm，尼龙连接件构造如图 4.2.3-2 所示。

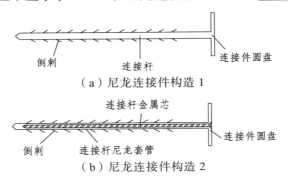

（a）尼龙连接件构造 1

（b）尼龙连接件构造 2

图 4.2.3-2　尼龙连接件构造示意图

4.2.4　耐碱玻纤网格布的性能指标应符合表 4.2.4 的规定。

表 4.2.4　耐碱玻璃纤维网布性能指标

项　目	指　标	试验方法
单位面积质量（g/m²）	≥160	现行国家标准《增强制品试验方法第 3 部分：单位面积质量的测定》GB/T 9914.3
耐碱拉伸断裂强力（经、纬向）（N/50 mm）	≥1 000	现行国家标准《增强材料机织物试验方法第 5 部分：玻璃纤维拉伸断裂强力和断裂伸长的测定》GB/T 7689.5
耐碱拉伸断裂强力保留率（经、纬向）（%）	≥80	现行国家标准《玻璃纤维网布耐碱性试验方法氢氧化钠溶液浸泡法》GB/T 20102
断裂伸长率（经、纬向）（%）	≤5.0	现行国家标准《增强材料机织物试验方法第 5 部分：玻璃纤维拉伸断裂强力和断裂伸长的测定》GB/T 7689.5

4.2.5 聚合物防水砂浆的性能指标应符合表 4.2.5 的规定。

表 4.2.5　聚合物防水砂浆性能指标

项　目	指　标	试验方法
抗渗压力（MPa）	≥0.8	现行行业标准《聚合物水泥防水砂浆》JC/T 984
抗压强度（MPa）	≥18.0	
抗折强度（MPa）	≥6.0	
收缩率（%）	≤0.3	
吸水率（%）	≤6.0	

4.2.6 涂料、面砖饰面层组成材料除应符合国家和四川省现行标准规定外，尚应与现浇混凝土免拆模板外墙保温系统的性能相匹配。

5 系统设计

5.1 一般规定

5.1.1 应根据建筑所在地区的地理气候条件、建筑的类别、高度及外形，综合经济技术、环境效益分析，科学合理地进行现浇混凝土免拆模板建筑保温系统的模板组合设计、支撑体系设计、建筑构造设计和建筑热工设计。

5.1.2 现浇混凝土免拆模板外墙及楼面保温系统依附的主体结构材料、力学性能以及内模板设计，均应符合现行国家和四川省相关标准的规定。

5.1.3 外墙填充墙部位采用自保温系统时，应注意与现浇混凝土免拆模板建筑保温外墙系统相互协调。

5.1.4 外墙上的女儿墙、构造柱及出挑构件等部位，应根据建筑类别及所在地区气候条件，通过建筑节能热工设计，选择适宜厚度的免拆模板一次浇注成型，当选用免拆模板不能满足要求时，可选用其他保温形式。

5.1.5 外墙上的水平或倾斜的出挑部位、伸至地面以下部位及对拉螺栓孔部位，应有必要的防水设计。

5.1.6 安装在外墙或楼面中的设备或管道应牢靠地固定在墙体或楼面混凝土基层上。在外墙上的设备或管道固定部位应有牢靠密封和防水设计。

5.1.7 现浇混凝土免拆模板建筑保温楼面系统的隔声性能应符合现行国家标准《民用建筑隔声设计规范》GB 50118 的规定。

5.2 模板组合设计

5.2.1 外墙免拆模板组合设计，应根据建筑的外立面设计图，以建筑层高、开间、进深为基本组合单元，编号进行免拆模板单元组合设计。

5.2.2 在外墙免拆模板组合设计基础上应对各模板组合单元进行排板设计。

5.2.3 门窗洞口的两侧应采用图 5.2.3 所示的切口模板进行组合，切口宽度应不小于 100 mm。

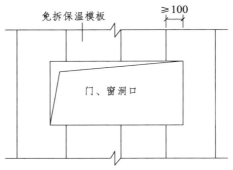

图 5.2.3 门窗洞口免拆模板组合示意图

5.2.4 外墙免拆模板组合时，出挑构件的免拆模板设计应将其纳入排板组合设计，并应进行标号。

5.2.5 楼面的免拆模板组合设计应根据建筑平面单元设计图，按建筑装饰构造设计中的顶棚装饰平面设计要求进行免拆模板组合设计，组合设计应尽可能采用主规格尺寸模板。

5.2.6 楼面下有固定的设备或管道时应在模板组合设计图中标明位置及开孔尺寸。

5.3 支撑体系设计

5.3.1 免拆模板支撑体系应根据支撑材料、支撑形式及施工设备与工法，进行支撑体系构配件组合设计和体系安全设计。

5.3.2 免拆模板支撑体系构配件组合设计应力求构造简单、安装方便、牢固可靠；免拆模板支撑体系应便于钢筋的绑扎、安装，混凝土浇筑、养护和与脚手架协调配合构成整体。

5.3.3 免拆模板的支撑体系应能可靠地承受现浇混凝土的自重、侧压力和施工过程中所产生的施工荷载和风荷载，并按相关国家、行业标准、规范进行承载能力、刚度和稳定性验算。

5.3.4 当需要对墙体上的免拆模板及其支撑体系在自重和风荷载作用下的抗倾覆稳定性和采用内部振捣器浇筑混凝土对免拆模板的侧压力进行验算时，应按现行行业标准《建筑施工模板安全技术规范》JGJ 162 的相关规定进行验算，计算的抗倾覆稳定性和侧压力值应符合该标准规定的限制。

5.3.5 墙体上的免拆模板的接缝处应有尺寸不小于 50 mm × 100 mm 支模次楞支撑，其余次楞的间距按混凝土浇筑速度及高度确定。

5.3.6 楼面免拆模板及外墙内模板支撑体系设计应符合现行相关行业标准的规定。

5.4 建筑构造设计

5.4.1 免拆模板构造层与墙体、楼面基层的连接件应如图 5.4.1 布置，布置数量应不少于 6 个/m²。在墙面阴、阳角等特殊部位应适当增加连接件的数量；连接件在墙体或楼面结构混凝土中的有效锚固深度应不小于 50 mm。

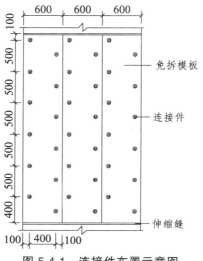

图 5.4.1　连接件布置示意图

5.4.2　现浇混凝土免拆模板保温系统中的找平防水层构造设计应符合下列规定：

　　1　外墙及楼面的找平防水层中应内置单位面积质量不小于 160g 的耐碱玻纤网格布；

　　2　外墙上的门窗洞口四角应如图 5.4.2 所示，用抹面砂浆湿法粘贴一层斜角为 45°，尺寸不小于 300 mm × 200 mm 的耐碱玻纤网格布增强层；

　　3　外墙上的免拆模板拼接的阴阳角及免拆模板与填充墙交接处应用聚合物防水砂浆粘贴一层不小于 200 mm 宽的耐碱玻纤网格布作为增强层；

　　4　外墙采用面砖饰面时，找平防水层中的耐碱玻纤网格布的性能应按本标准 4.2.4 的规定选择，同时应按现行行业标准《外墙饰面砖工程施工及验收规程》JGJ 126 的有关规定进行饰面层构造设计。

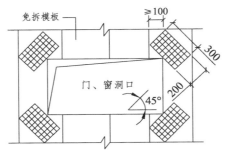

图 5.4.2　门窗洞口四角附加耐碱玻纤网布及排板布置示意图

5.4.3　现浇混凝土免拆模板建筑保温系统外侧增强层及防水找平层应设置伸缩缝，缝宽宜为 10～20 mm，缝深宜为 10～15 mm。水平伸缩缝宜按楼层设置，垂直伸缩缝宜与外立面上的门窗洞口两侧边沿线结合设置，且分隔面积不大于 36 m²。

5.4.4　现浇混凝土免拆模板建筑保温系统中的门窗洞口、女儿墙、勒脚及出挑构件端部，应按现行行业标准《建筑外墙防水工程技术规程》JGJ/T 235 的有关规定进行防水构造设计。

5.5　建筑热工设计

5.5.1　现浇混凝土免拆模板建筑保温系统的建筑节能设计应根据设计建筑的性质和所在地区的气候及技术经济条件，按照现行国家标准《公共建筑节能设计标准》GB 50189 和现行地方标准《四川省居住建筑节能设计标准》DB 51/5027 的规定进行设计。

5.5.2　外墙中的填充墙部位采用墙体自保温系统时，自保温墙体的厚度应通过外墙平均传热系数 K_m 值的计算确定，以保持交接处立面效果完整、协调一致。

5.5.3 外墙的平均传热系数 K_m 及平均热惰性指标 D_m 应分别按下列公式进行计算：

$$K_m = \frac{K_{RC} \times A_{RC} + K_{ma} \times A_{ma}}{A} \tag{5.5.3-1}$$

$$D_m = \frac{D_{RC} \times A_{RC} + D_{ma} \times A_{ma}}{A} \tag{5.5.3-2}$$

式中　K_m——外墙平均传热系数[W/（m² · K）]；

　　　D_m——外墙平均热惰性指标（无量纲）；

　　　A——外墙面积，不含其中的门窗洞口面积（m²）；

　　　K_{RC}，K_{ma}——外墙中现浇混凝土免拆模板墙体保温系统部位和填充墙部位传热系数[W/（m² · K）]；

　　　D_{RC}，D_{ma}——外墙中现浇混凝土免拆模板墙体保温系统部位和填充墙部位热惰性指标（无量纲）；

　　　A_{RC}，A_{ma}——外墙中现浇混凝土免拆模板保温系统部位和填充墙部位的面积（m²），按设计建筑的外立面设计图统计计算。

5.5.4 免拆模板构造层的热阻应以保温芯材计算热阻为表征，并应按下式进行计算：

$$R = d/(\lambda_c \cdot \alpha) \tag{5.5.4}$$

式中　R——免拆模板构造层的热阻；

　　　d——芯材的厚度（m）；

　　　λ_c——芯材的计算导热系数[W/（m · K）]；

　　　α——修正系数（无量纲），取值1.15。

5.5.5 严寒和寒冷地区的建筑外墙门窗洞口周边及凸窗上下、

左右实体板的传热系数 K_b 应按现行建筑节能设计标准的限值规定，选择适宜的保温材料及系统技术进行建筑热工设计计算。

5.5.6 设计计算外墙和楼面的热工性能时，若需计入饰面层的热阻，应按相关标准规定选择饰面材料的热物性计算参数。楼面的传热系数 K_f 计算时，取上下表面的换热系数 α_i 为 8.7 W/（m^2·K）。

6 施 工

6.1 一般规定

6.1.1 现浇混凝土免拆模板建筑保温系统工程的施工单位应根据施工图编制系统工程的专项施工方案，经监理单位审核批准后组织实施。

6.1.2 施工前应结合专项施工方案组织施工人员熟悉相关的文件资料并进行技术交底。

6.1.3 混凝土结构施工应符合现行国家标准《混凝土结构工程施工规范》GB 50666 的有关规定。

6.1.4 施工单位应按专项施工方案中确定的施工工艺流程进行施工，各工序施工应在前一道工序质量检查合格后进行。

6.1.5 现浇混凝土免拆模板建筑外墙保温系统工程施工完成后，应做好成品保护。对施工过程的预留孔洞、预埋构件、穿墙套管、脚手架眼、预留洞口等，应按专项方案的要求采取相应有效的保温、防水及密封等措施。

6.2 施工准备

6.2.1 如建筑施工图中无免拆模板组合图，应根据本标准 5.2 节的要求，在专项施工方案编制免拆模板组合图。

6.2.2 现浇混凝土免拆模板建筑外墙保温系统的各组成材料进入施工现场后，应按本标准规定进行见证取样复验及验收，材料的储存期及产品性能等技术要求应符合使用说明书和本标准的规定。

6.2.3 进场材料应分类及按产品说明书的要求储存和平放码垛。

6.3 施工工艺流程

6.3.1 现浇混凝土免拆模板建筑外墙保温系统工程施工工艺应符合图 6.3.1 的流程要求。

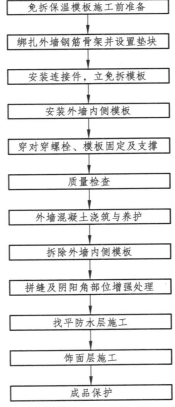

图 6.3.1 现浇混凝土免拆模板建筑外墙保温系统施工工艺流程图

6.3.2 现浇混凝土免拆模板建筑楼板保温系统工程施工工艺流程应符合图 6.3.2 的流程要求。

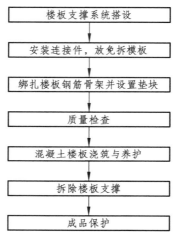

图 6.3.2　现浇混凝土免拆模板建筑楼板保温系统施工工艺流程图

6.4　免拆模板组装及施工要点

6.4.1　免拆模板拼装前应根据单元组合排板图对拟拼装模板的墙面进行核对和校正。核对和校正后进行该组合单元的免拆模板弹线、切割和编号，并按编号和堆放要求堆放备用。免拆模板切割应符合下列规定：

1　最小宽度不应小于 100 mm，四周侧面应平直，免拆模板外侧黏结界面层宜倒 V 形角；

2　墙阴阳角部位的模板边沿由外向内呈小于 42°斜角；

3　为避免楼面位置处混凝土泛浆和漏浆，免拆模板的组装高度一般应高出楼面高度的 50 ~ 100 mm。

6.4.2 在免拆模板施工之前，应安装连接件，连接件数量和要求参照本标准第 5.4.1 条的规定。

6.4.3 免拆模板拼装时，应以先安装阴阳角，再从一边向另一边顺序安装的方式进行。拼缝宽度不宜大于 5 mm，拼装就位后应将连接件与钢筋绑扎。

6.4.4 待外墙两侧模板调整完毕后，应对内外模板进行打孔，孔中穿入对拉螺栓及套管并初步调整螺栓；当外墙对防水有较高要求时，对拉螺栓宜为带有止水片的永久螺栓。

6.4.5 免拆模板及内模板安装就位后，应对其垂直度采用线锤和经纬仪进行测量和纠偏，在垂直度和平整度符合设计要求后，再进一步加固整个支撑体系的关键部位。

6.5 混凝土浇筑施工要点

6.5.1 混凝土浇筑前应对钢筋骨架、模板组合及支撑体系进行检查，经监理单位验收合格并签署浇筑令后，方可进行混凝土浇筑。

6.5.2 混凝土浇筑之前，应采用洁净水对免拆模板内侧进行洒水清洗，保证其洁净和湿润。

6.5.3 现浇混凝土免拆模板建筑保温外墙系统的混凝土浇筑应严格按照相关国家、行业和地方标准；柱、剪力墙混凝土浇筑前，应先浇筑与混凝土组成成分相同的水泥砂浆 50～100 mm 厚铺底接槎。

6.5.4 采用插入式捣器进行混凝土浇筑时，振捣器不得直接接触免拆模板内侧。

6.6 找平防水层施工要点

6.6.1 找平用防水层应采符合本标准表 4.2.4 规定的耐碱玻纤网

格布及表 4.2.5 规定的聚合物防水砂浆进行湿法作业施工。

6.6.2 免拆模板的连续使用面积超出 36 m² 时,应按本标准 5.4.3 条的规定设置伸缩缝。伸缩缝应采用专用切割工具进行切割,缝宽宜为 10～20 mm,作聚氨酯或泡沫条背衬处理后,用建筑密封膏密封。

6.6.3 免拆模板阴阳角处及与自保温砌块相交处,在找平防水层施工前,应采用聚合物防水砂浆贴耐碱玻璃纤维网布的增强抗裂措施。

6.6.4 内模板拆除后应对螺栓孔进行封堵。封堵螺栓孔应先填入与保温板等厚的保温材料,再用干硬性砂浆或膨胀细石混凝土将孔洞填实,并在外表面涂刷水性有机硅等防水涂层。防水涂层直径不得小于孔洞直径的 2 倍。如工程采用带有止水片的永久螺栓,应将超出模板部分平整地切除。

6.6.5 找平防水层一次施工厚度不应超过 5 mm,且严禁干法铺贴耐碱玻璃纤维网格布。

6.7 安全管理及绿色施工

6.7.1 免拆模板的施工安全应符合现行行业标准《建筑施工模板安全技术规范》JGJ 162 的有关规定。

6.7.2 现浇混凝土免拆模板建筑保温系统工程的施工安全应符合现行国家标准《建筑施工安全技术统一规范》GB 50870、《建筑施工高处作业安全技术规范》JGJ 80 的有关规定。

6.7.3 施工过程中应结合工程所处的环境及具体条件,严格按照现行地方标准《建筑工程绿色施工评价与验收规程》DBJ 51/T027 的规定进行施工。

7 验　收

7.1　一般规定

7.1.1　现浇混凝土免拆模板建筑保温系统施工过程中应及时做好质量检查、隐蔽工程验收和检验批验收。

7.1.2　现浇混凝土免拆模板建筑保温系统应对下列部位或内容进行隐蔽工程验收，并应有详细的文字记录和必要的图像资料：

　　1　现浇混凝土免拆模板建筑保温系统的连接件数量和长度；

　　2　现浇混凝土免拆模板建筑保温系统阴阳角部位、门窗洞口四角部位及不同材料的交接处等特殊部位采取的加强措施；

　　3　女儿墙、封闭阳台以及出挑构件等热桥部位的特殊保温处理措施；

　　4　现浇混凝土免拆模板建筑保温系统各构造层的厚度。

7.1.3　在浇筑混凝土前，应验收模板工程；模板工程的检验批宜按一个施工段或一层进行划分。

7.1.4　现浇混凝土免拆模板建筑保温系统的检验批划分，应符合下列规定：

　　1　系统应按每 1 000 m² 划分为一个检验批，当工程量不足 1 000 m² 时，也应划分为一个检验批；

　　2　系统检验批的划分也可根据方便施工与验收的原则，由施工单位、监理单位及建设单位等共同商定。

7.1.5　现浇混凝土免拆模板建筑保温系统的质量验收应符合国家现行标准《建筑工程施工质量验收统一标准》GB 50300、《建筑节能工程施工质量验收规范》GB 50411 和《外墙保温工程技术规程》JGJ 144 的有关规定，并应符合下列要求：

    1 检验批应按主控项目和一般项目验收；

    2 主控项目应全部合格；

    3 一般项目应合格；当采用计数检验时，至少应有 90%以上的检查点合格，且其余检查点不得有严重缺陷；

    4 应具有完整的施工操作依据和质量检查记录。

7.1.6 现浇混凝土免拆模板建筑保温系统的竣工验收应提供下列文件和资料：

    1 设计文件、图纸会审记录和设计变更；

    2 现浇混凝土免拆模板建筑保温系统的型式检验报告；

    3 外现浇混凝土免拆模板建筑保温系统主要组成材料的产品合格证、出厂检验报告、进场复验报告和进场核查记录；

    4 施工技术方案和施工技术交底资料；

    5 隐蔽工程验收记录和相关图像资料；

    6 其他对工程质量有影响的重要技术资料等。

7.2 主控项目

7.2.1 现浇混凝土免拆模板建筑保温系统免拆模板、连接件、聚合物防水砂浆等配套材料的品种、规格和性能应符合设计要求和本标准的规定。

    检验方法：观察、尺量检查；核查质量证明文件。

    检查数量：同一生产厂家，同一批次，随机抽查。

7.2.2 现浇混凝土免拆模板建筑保温系统及配套材料进场时应对其下列性能复验，复验应为见证取样送检：

1 免拆模板拉伸黏结原强度、抗折荷载和热阻；

2 聚合物防水砂浆的抗渗压力、抗压强度、抗折强度；

3 耐碱玻璃纤维网格布的耐碱断裂强力及保留率、断裂伸长率。

检验方法：随机抽样送验，复验报告。

检查数量：同一厂家同一品种的产品，按实际使用墙面面积每增加 10 000 m² 抽查 1 次；当不足 10 000 m² 时也应按 1 次抽查。对同一工程项目、同一施工单位且同期施工的多个单位工程，可合并计算实际使用墙面面积进行抽查。

7.2.3 墙体阴阳角部位、门窗洞口四角部位及不同材料的墙体交接处等特殊部位，应采取的加强措施。

检验方法：观察检查；核查隐蔽工程验收记录。

检查数量：按不同部位，每类抽查 10%，并不少于 5 处。

7.2.4 施工产生的穿墙螺栓孔、脚手架眼等孔洞，应按设计要求采取防水防渗和封堵措施。

检验方法：观察检查。

检查数量：全数检查。

7.3 一般项目

7.3.1 免拆模板的外观和包装应完整、无破损，符合设计要求和产品标准的规定。

检查方法：观察检查。

检查数量：全数检查。

7.3.2 外墙免拆模板的安装允许偏差应符合表 7.3.2 的规定。

表 7.3.2　外模板现浇混凝土复合板的安装允许偏差

项　目		允许偏差（mm）	检查方法
轴线尺寸		≤4	尺量检查
层高垂直度	≤5 m	≤3	经纬仪或线坠尺量检查
	>5 m	≤5	
表面平直度		≤4	2 m 靠尺和塞尺检查
相邻两表面高低差		≤2	钢卷尺检查
阳角垂直度		≤3	2 m 靠尺、线坠检查

7.3.3　现浇混凝土免拆模板建筑保温外墙系统饰面层允许偏差应符合表 7.3.3 的规定。

表 7.3.3　饰面允许偏差

项次	项　目	允许偏差（mm）		检验方法
		面砖饰面	涂料饰面	
1	立面垂直度	3	3	用 2 m 垂直检测尺检查
2	表面平整度	4	3	用 2 m 靠尺和塞尺检查
3	阴阳角方正	3	3	用直角检测尺检查
4	接缝直线度	3	—	5 m 通线，不足 5 m 拉通线，用钢直尺检查
5	接缝高低差	1	—	用钢直尺和塞尺检查
6	接缝宽度	1	—	用钢直尺检查

本标准用词说明

1 为便于在执行本标准条文时区别对待，对要求严格程度不同的用词说明如下：

  1）表示很严格，非这样做不可的：

    正面词采用"必须"，反面词采用"严禁"；

  2）表示严格，在正常情况下均应这样做的：

    正面词采用"应"，反面词采用"不应"或"不得"；

  3）表示允许稍有选择，在条件许可时首先应这样做的：

    正面词采用"宜"，反面词采用"不宜"；

  4）表示有选择，在一定条件下可以这样做的：采用"可"。

2 标准中指明应按其他有关标准执行时，写法为："应符合……的规定（或要求）"或"应按……执行"。

引用标准名录

1 《绝热材料稳态热阻及有关特性的测定防护热板法》GB/T 10294

2 《声学建筑和建筑构件隔声测量 第 3 部分：建筑构件空气声隔声的实验室测量》GB/T 19889.3

3 《玻璃纤维网布耐碱性试验方法氢氧化钠溶液浸泡法》GB/T 20102

4 《建筑隔墙用保温条板》GB/T 23450

5 《外墙柔性腻子》GB/T 23455

6 《模塑聚苯板薄抹灰外墙外保温系统材料》GB/T 29906

7 《建筑墙板试验方法》GB/T 30100

8 《建筑结构荷载规范》GB 50009

9 《建筑设计防火规范》GB 50016

10 《民用建筑隔声设计规范》GB 50118

11 《公共建筑节能设计标准》GB 50189

12 《混凝土结构工程施工质量验收规范》GB 50204

13 《建筑装饰装修工程质量验收规范》GB 50210

14 《建筑工程施工质量验收统一标准》GB 50300

15 《建筑节能工程施工质量验收规范》GB 50411

16 《混凝土结构工程施工规范》GB 50666

17 《建筑施工安全技术统一规范》GB 50870

18 《建筑施工脚手架安全技术统一标准》GB 51210

19 《无机硬质绝热制品实验方法》GB/T 5486

20 《增强材料 机织物试验方法 第 5 部分：玻璃纤维拉伸断裂强力和断裂伸长的测定》GB/T 7689.5

21 《建筑材料及制品燃烧性能分级》GB 8624

22 《增强制品试验方法第 3 部分：单位面积质量的测定》GB/T 9914.3

23 《高层建筑混凝土结构技术规程》JGJ 3

24 《建筑施工高处作业安全技术规范》JGJ 80

25 《建筑工程饰面砖粘结强度检验标准》JGJ 110

26 《外墙饰面砖工程施工及验收规程》JGJ 126

27 《外墙外保温工程技术规程》JGJ 144

28 《建筑轻质条板隔墙技术规程》JGJ/T 157

29 《胶粉聚苯颗粒外墙外保温系统》JG/T 158

30 《建筑施工模板安全技术规范》JGJ 162

31 《建筑外墙防水工程技术规程》JGJ/T 235

32 《四川省居住建筑节能设计标准》DB 51/5027

四川省工程建设地方标准

四川省现浇混凝土免拆模板
建筑保温系统技术标准

Technical standard for cast-in-place concrete composite thermal
insulation system on external formwork in Sichuan Province

DBJ51/T 100－2018

（2021 年版）

条 文 说 明

制定说明

《四川省现浇混凝土免拆模板建筑保温系统技术标准》DBJ51/T 100 – 2018，经四川省住房和城乡建设厅 2018 年 9 月 26 日以川建标发〔2018〕918 号文公告批准发布。

为了便于广大设计、施工、科研、学校等单位有关人员在使用本标准时能准确理解和执行条文规定，《四川省现浇混凝土免拆模板建筑保温系统技术标准》编制组按章、节、条顺序编制了本标准的条文说明，对条文规定的目的、依据以及执行中需要注意到的有关事项进行了说明。但是本标准的条文说明不具备和标准正文同等的法律效力，仅供使用者作为理解和把握标准规定的参考。

目　次

1 总　则

1.0.1　现浇混凝土免拆模板建筑保温系统是一种新型的保温结构一体化技术，具有工业化水平高、减少施工现场湿作业量、减少材料消耗、工地扬尘和建筑垃圾等优点，有利于提高建筑质量和生产效率，有利于实现节能减排和保护环境。本标准可为现浇混凝土免拆模板建筑保温系统的设计、施工、验收等方面控制工程质量提供依据。

1.0.3　现浇混凝土免拆模板建筑保温系统在建筑施工中属分项工程，应与现行国家标准《建筑工程施工质量验收统一标准》GB 50300、《建筑隔墙用保温条板》GB/T 23450、现行行业标准《建筑轻质条板隔墙技术规程》JGJ/T 157 配套使用。工程验收时，除满足本标准各项规定外，亦应符合相关的国家和行业现行有关标准的规定。

2 术 语

2.0.2 本条文中的增强网为置于免拆模板中，用以提高免拆模板抗冲击、抗折能力和刚性的耐碱玻璃纤维网布、热镀锌电焊网、镀锌钢板扩张网等。

3 基本规定

3.0.1 本条文的主要目的是在进行现浇混凝土免拆模板建筑保温系统设计、施工时应按国家和地方建筑节能的有关标准的规定要求执行，使系统的热工指标满足不同气候区节能标准规定的指标。

3.0.2 当主体结构由于各种应力产生位移等变形时，现浇混凝土免拆模板保温系统不应形成裂缝、脱胶或从基层墙体脱落。风荷载作用包括压力、吸力和振动。当需计算风荷载时，应按现行国家标准《建筑结构荷载规范》GB 50009 的有关规定执行。气候变化主要指温差、日晒雨淋、冻融等。

3.0.3 水会对现浇混凝土免拆模板保温系统产生多种破坏，如保温性能降低、冻融破坏、材料起泡、水与空气中的酸性气体反应生成酸而对系统产生的破坏等。因此，现浇混凝土免拆模板保温系统应防止雨、雪浸入，防止内表面和隙间结露。所有部件都应表现出化学—物理稳定性。所有材料应是天然耐腐蚀或者是被处理成耐腐蚀的。金属连接件应采用镀锌或涂防锈漆等防锈处理。

4 系统构造和要求

4.2 性能要求

4.2.2 免拆模板可按统一规格尺寸生产，现场和工厂内均可切割，也可根据工程设计要求工厂化定制生产。免拆模板保温层的厚度根据建筑节能设计选取。

5 系统设计

5.1 一般规定

5.1.1 在设计现浇混凝土免拆模板建筑保温系统时，应根据建筑层高、外形，确定免拆模板的高度。免拆模板尽量尺寸统一，排列规则，便于安装，使经济和环境效益更好，科学合理地进行模板组合排列和支撑体系的设计。在进行节能设计时，其热工指标应根据所在地区的地理气候条件确定免拆模板的厚度，使墙体系统的热工指标满足建筑节能设计的要求。

5.1.4 本条目的是在设计免拆模板建筑保温系统时，女儿墙、构造柱及出挑构件等部位在模板布置上相对复杂，为了保证保温系统的工程质量，所以对女儿墙、构造及出挑构件等特殊部位提出了要求。

5.1.6 密封和防水构造设计包括：变形缝的设置、构造设计及系统的起端和终端的包边等。4.1 节系统构造做法是针对竖直墙面和不受雨淋的水平或倾斜的表面。对于水平或倾斜的出挑部位，表面应增设防水层。水平或倾斜的出挑部位包括窗台、女儿墙、阳台、雨篷等，这些部位有可能出现积水、积雪等情况。

5.2 模板组合设计

5.2.3 门窗洞口的两侧应采用图 5.2.3 所示的切口模板进行组合，规定不采用通长模板进行组合，以及对切口宽度≥100 mm 的规定，其目的是保证免拆模板建筑保温系统在施工中模板排列的准确性，防止在现场对窗洞口进行切口造成尺寸偏差，使浇筑混凝土后尺寸偏差造成质量问题。

5.3 支撑体系设计

5.3.5 墙体上免拆模板的接缝处应有的尺寸相关数据和指标，是根据现有木模板和金属模板在施工过程中的经验，并结合四川现浇混凝土免拆模板建筑保温系统工程实验而确定的。

5.5 建筑热工设计

5.5.1 由于建筑的梁、柱，以及窗的顶板、底板、侧板这些部位基本上是钢筋混凝土出挑构件，是外墙上热工性能最薄弱的部位，可以采取平均传热系数 K_m 和平均热惰性指标 D_m 作限值规定。

6 施 工

6.1 一般规定

6.1.2 现浇混凝土免拆模板建筑保温系统应在施工前对相关人员技术交底和必要的实际操作培训，技术交底和培训均应留有记录。

6.1.5 施工单位在墙体施工前，应专门制定消除外墙热桥的措施，并在技术交底中加以明确。施工中应对施工产生的墙体缺陷，如穿墙套管脚手眼、孔洞等随时填塞密实，并按照施工方案采取隔断热桥和防水措施处理，这种处理应列入隐蔽工程验收并应加以记录。

7 质量验收

7.1 一般规定

7.1.1 由于现浇混凝土免拆模板建筑保温系统工程与主体结构同时施工，无法分别验收，只能与主体结构一同验收。验收时结构部分应符合相应的现行国家标准《混凝土结构工程施工质量验收规范》GB 50204、现行行业标准《高层建筑混凝土结构技术规程》JGJ 3 要求，而现浇混凝土免拆模板建筑保温系统工程部分应符合现行国家标准《建筑节能工程施工质量验收规范》GB 50411 及本标准的有关要求。

7.1.2 本条列出墙体节能工程通常应该进行隐蔽工程验收的具体部位和内容，以规范隐蔽工程验收。当施工中出现本条未列出的内容时，应在施工组织设计、施工方案中对隐蔽工程验收内容加以补充。

7.1.4 本条规定的检验批的划分与现行国家标准《建筑节能工程施工质量验收规范》GB 50411、《建筑装饰装修工程质量验收规范》GB 50210 保持一致。

应注意检验批的划分并非是唯一或绝对的。当遇到较为特殊的情况时，检验批的划分也可根据方便施工与验收的原则，由施工单位、监理单位及建设单位等共同商定。

7.1.5 本条给出分项工程验收合格的条件。本条规定与现行国家标准《建筑工程施工质量验收统一标准》GB 50300、《建筑节能工程施工质量验收规范》GB 50411 和各专业工程施工质量验收规范保持一致。当分项工程划分为检验批验收时，应遵守这些规定。

7.2 主控项目

7.2.1 现浇混凝土免拆模板建筑保温系统具有独有的结构形式，使用的材料的品种、规格、性能等应符合本标准和设计要求，不能随意改变和选用其他类似产品替代。在材料进场时通过目视和尺量、称重等方法检查，并对其质量证明文件核查确认。

7.2.2 本条列出了现浇混凝土免拆模板建筑保温系统和配套材料进场复验的具体项目。检查数量参考了现行国家标准《建筑节能工程施工质量验收规范》GB 50411 要求。

7.2.4 本条要求施工单位安装保温板时应做到位置正确、接缝严密，在浇筑混凝土过程中应采取措施并设专人管理，以保证保温板不移位、不变形、不损坏。